CHRISTMAS
SUDOKU ADVENT CALENDAR

For Relaxation and Stress Relief

EASY TO HARD
WITH SOLUTIONS

INTRODUCTION

"During the holiday season, we come together as friends and family, drawn by the magic of Christmas and the joy of each other's company. Sudoku, a puzzle of numbers and logic, becomes a delightful way to unite our minds and strengthen our connections. As you gather around the table to solve these grids, you're not just solving puzzles; you're building bonds, creating memories, and sharing the satisfaction that comes with finding the right numbers. It's a journey of discovery, a collective effort to unravel the secrets of the grid, and a celebration of every small success. Christmas is a time for unity, for embracing the moments spent with loved ones, and for cherishing the bonds that become even stronger as you work together to solve sudoku puzzles."

DEAR PUZZLE ENTHUSIASTS

Dear puzzle enthusiasts, we want to take a moment to express our profound gratitude for choosing our puzzle book. It's not just a book; it's a bridge between us, the creators, and you, the solver. Your support allows us to continue doing what we love - crafting puzzles that challenge and delight your mind. As a publisher, it's our privilege to be a part of your leisure time, to bring you the satisfaction of solving crosswords and word searches, and to be a companion in your quest for knowledge and amusement. Thank you for your trust and loyalty. It's because of you that we continue to create, and we look forward to providing you with countless hours of puzzle-solving pleasure. Here's to more puzzles, more words, and more adventures in the world of mind games!"

Christmas Puzzle Book By Century Young

CHRISTMAS

EASY

SUDOKU

Christmas Sudoku 01

	6		7	4			5	
	2					3		
	5			2	8			7
				7		1		
	7	6		8				3
3	4			1			8	
	8	4			9			2
7			2	6			1	

Christmas Sudoku 02

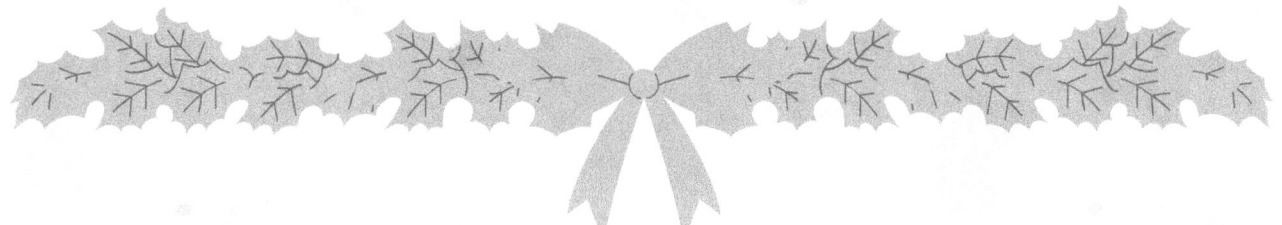

			1		4			
6	5	1						
	2				6			9
8	6	5						
1			2				6	
							8	4
9	7	8	6					2
	1		7	2				
2						3		7

Christmas Sudoku 03

9		3		7		8	2	
	5		3			1	7	
								3
8		1		2	7	5		
		5		8			1	
		2		3				9
							5	
		6		5	8	2		7
	2		7			3		8

Christmas Sudoku 04

		2				3		
	5				1	6	2	4
				3			8	
				5	8	4	3	
8			1		4	2	7	
2			3	9				
	1	4				8	5	
5		8	4					
3	2		8			7	4	

Christmas Sudoku 05

1				2	9	5		
	8	2	7					3
	9	3		8	1		7	
	1			6		8	3	7
	5						9	
		7			8			
				9			2	
		1			2			
	2			7		1	8	9

Christmas Sudoku 06

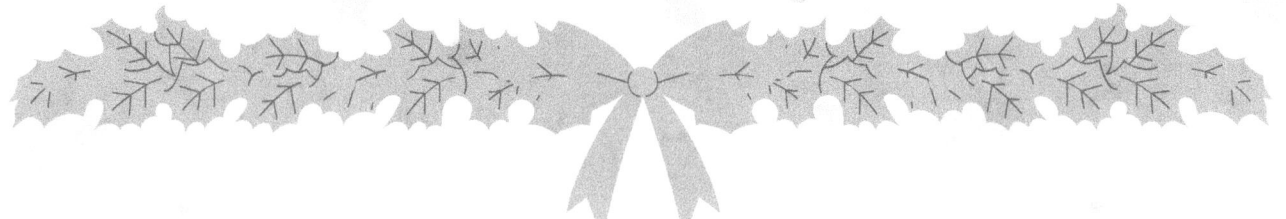

4			5			6		
3					7	8		
7	8			3		4		9
6	5			8	4	9		
			6					
		3		7	9		6	
					3			
		4	8	6			9	
2			9	4		3		8

Christmas Sudoku 07

6		5	1	3				4
							1	
					9	3		
						6		
	7						3	
3		2	6	9				1
	3	4	9		8			6
7	1		3	4		9	2	
2		9		7	1	4	8	

Christmas Sudoku 08

		6			5			
5	9	8		4		7		
3							6	
			5				1	6
6		9				3	4	
2		5	3			9		7
			4		3			9
9		2	6	5				3
4		3		7	9			

Christmas Sudoku 09

6			2					
7			4	6	1			2
		2				1		
		4				7		
			6					5
3			9	7	4			1
4		1	7			9		6
2		6		5			1	
	7			9		2		4

Christmas Sudoku 10

			3			4		6
1					7	8	2	
5					4		7	3
6					5	2		4
		2				9	6	
4					2		3	8
8					6	5		
		4		5			8	2
	6		4				9	7

Christmas Sudoku 11

7			1		6	3		
		8		5			2	7
	8						5	
		1	6	9			8	
9			5		2		1	
5			4			1	7	
		4	2				6	5
	9		7					

Christmas Sudoku 12

	8	2		6			3	
5		7		9			6	
				3	4		8	2
1				5		3		
						5	2	
2	9	5						7
			8	2				
	5		6				9	
9	2	6			5			

Christmas Sudoku 13

		5	6	8	9			
								5
7			2		4			
	9						6	
4	1	8				2		
6						8	9	3
		7						
				9	8	3		
			7	6	2			1

Christmas Sudoku 14

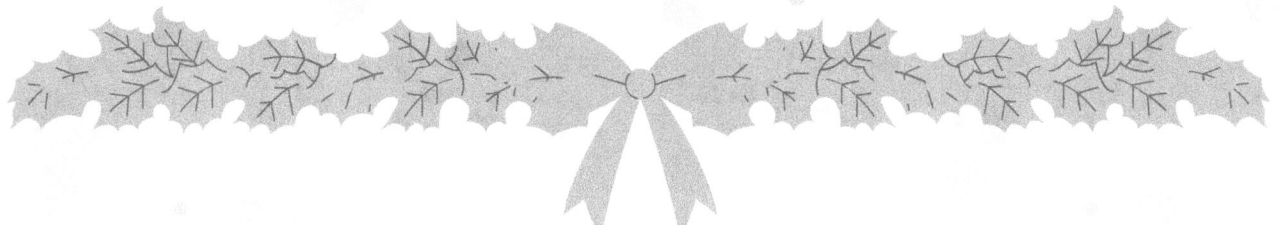

		5		7		1		
		4		1	5	6	8	
	8	7		4		3		5
	6		2			8	3	
			1		4			
							9	
5				8	4			3
2	4							
								8

Christmas Sudoku 15

8			7	9		5	2	
			8		6	1	7	
2				1	3			
	7	9				6	8	
1		2		8		7	5	
6	8			7				
		6	9			2	4	7
	2						1	
					1	8		

Christmas Sudoku 16

	7	5		8		6	9	
	1			6		5		
9	2			1	5	8		
7	9		3				2	
4								
			1		8			
	8	7			9			5
		9						
							8	3

Christmas Sudoku 17

		2	4		6		3	
		1		9	2		8	
	9		1	5				
		6		4	9		1	
			7		5	6		
		8	6	1			5	
	1			2	7			5
8				6	4	1		
		5	8				4	

Christmas Sudoku 18

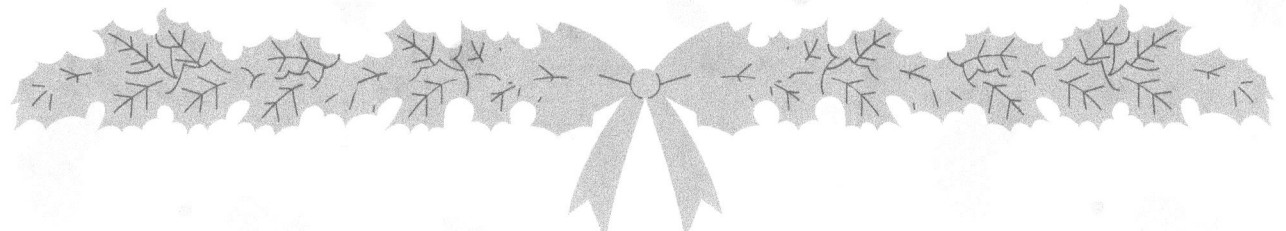

3		4		6	5		7	8
	1	5	9			4	6	
8	7			3	4	1		5
				7				
					1		4	
9		2	5			7		1
1		3	7			9		4
	8			1				
					9			

Christmas Sudoku 19

7		4	6	9				8
2		9			8	7		
	6		4	2			1	
		2		8		4	6	9
				4				2
6			2					
8			9					
		6		5		8	9	7
		1						4

CHRISTMAS

MEDIUM

SUDOKU

Christmas Sudoku 20

5								6
				3		2		
		7			8		4	
		2		8	6			
7		6	4				9	
	5			7			6	
	2			6	4		3	
4			9				8	
1		9			3			

Christmas Sudoku 21

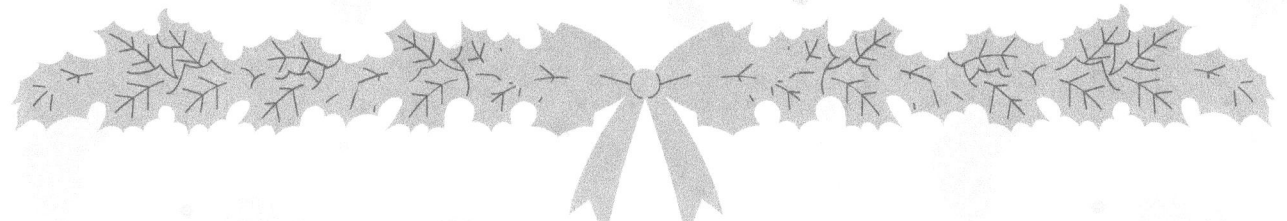

		5		8		6		
			7					4
	1				2			
	5	2		9			8	
		7				2		6
1				2				5
	3	9				4		
7				4		8		2
	8			6			9	

Christmas Sudoku 22

				2		4	9	3
	3				9	8		
					4		7	6
	1				5			4
	4					7	5	
7						9	3	1
		5	9	6				
4				5				
9		6	8					

Christmas Sudoku 23

	4	2					8	9
3								
	7	1	4	5				
		5			8			3
7							1	
		8	2			4		5
	1			2		7		
	8			7	6		5	
4			5					

Christmas Sudoku 24

3		8						4
	5			6	1			3
	9	6				7	8	
1								
		5		8			7	
	8		2					6
8	3			5				
	4	1	7		8			
		7		2		8		5

Christmas Sudoku 25

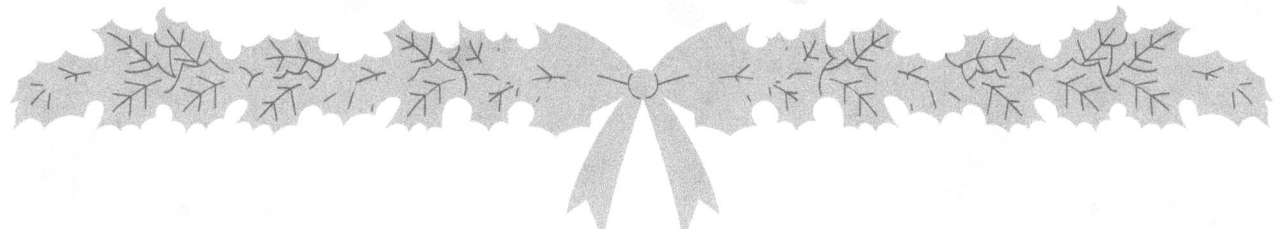

		7	9	1	2			
2			6				1	
9				8	5			
			2	3	1	5		
			5		4		9	
4				9			3	
	6					2		8
		4				9		
	2	8						4

Christmas Sudoku 26

						3	4	
	2		5	8				9
8		7				5		
	1		8		9			6
6						7	8	
5		2						
	3		4					
			1					5
		1	3	6	8		2	

Christmas Sudoku 27

		2	1		8			
8			3	4	7			
		4		2			1	
		3			5		7	
			8	6			2	
			7	3	2			9
2								1
	1					7		6
7	6					5		

Christmas Sudoku 28

				1		8		
3	7				2		4	9
		5		4		6		
	5				9			8
		7		6		9		
6		9					2	4
7		8		2		3	9	
	9				3			
	2				5			6

Christmas Sudoku 29

2				5	9			
		6				1	7	
	9							
4						6		
8	6	9			3	5		4
			1					
1	5	4	6		8	9		
								6
		8			4			

Christmas Sudoku 30

	5				7	4		
			6		3		5	2
		2		5			8	
	9					5		
	4			2	6			
		6	5	9			7	8
		1		7				
	6		3		5	8		9
		3		2			4	

Christmas Sudoku 31

9				2	4	6		
		8		7		4	2	
	7			8		3		
				4				8
		6		3	8	7		
		1						
3								
7				5		2	4	
			6			8		

Christmas Sudoku 32

9		7			6			
	8			7			4	
	5		1	9		8		
			8	2	3			
2	6	1						
	2	9	4					7
		8	9				3	
4				1	8			

Christmas Sudoku 33

1				5		4	7	
			9		4			8
	6			1		9		
					6	7		1
	2		1				4	
		9	4	3			6	
						3	1	2
			7	8	3			

Christmas Sudoku 34

			1					2
		1	2					
		3		9	4	8		
	1			7				
3		5		8				1
	2					5		
1					9		7	
	7	2	8		1			3
9	4		6	3		1		

Christmas Sudoku 35

		5		7				4
		6	2	1		5		
7	1				9			
	4			2	5			
5			1					3
1		8	4				7	
2	8	9						
			5	8	3			

Christmas Sudoku 36

4			6	8	5		2	
			2				7	
2			1					
7				4			1	
	4	6						3
		5	9					2
	2					4		1
9					6		8	
	3		8			9		

Christmas Sudoku 37

	4			8				
			1					7
		5			6	3		
	5	1				8		
6					9	1		3
	3				1		7	
	1	6			4		8	
		4				9		2
9					5			6

CHRISTMAS

HARD

SUDOKU

Christmas Sudoku 38

	4	8	7	1		9	2	
	9	7	2	8		5	3	
3	2		4		5			
	8		5	7				9
	5						4	
7		9						8
			8			6		
	7	5	3					2
				4	7			5

Christmas Sudoku 39

4		9		5	1		2	
		8						9
	6			3			1	
				7			4	
		7			8			1
	4	3	5	9				6
5					3			4
	9		2				7	

Christmas Sudoku 40

			7					3
7				9	5	1	6	2
5			1			7	9	
3	9			5		2	7	6
		6		7		9	4	
		7						5
2		5	9	1				
					6	3	2	
	8					5	1	

Christmas Sudoku 41

					6		5	
			7	9		4		
4		7			3	8		
1	7					6		
		6		7	4	1		
		4						9
6		9		2	7		1	8
7		1		6	8		4	3
	3	8	4		9			

Christmas Sudoku 42

		6		3			7	
	4		8					9
8	3		7		6		1	
		5			9		2	
9								7
6			1					2
3		2		7	8			4
					5		8	

Christmas Sudoku 43

		8		5	7		4	1
	1				9		5	
9				8	1		7	3
2		1			5			7
7				4			8	
								9
8		5		1			6	
		3			6			4
				7				

Christmas Sudoku 44

8		1						
				6	3			
3	4		1		8	7		
	1	4			9		7	
				4	7	2		1
7						6		
6			8	3				2
					2	5		
4		5				9	3	

Christmas Sudoku 45

	2			5				1
5							7	
9		8		3	7			4
		6			9		5	
	3		8					7
8	1		7	9			6	
3					4		1	
				2				9

Christmas Sudoku 46

	1		5	4				
					6	2	3	1
9			1	3	7			
	4					7	8	3
5						6	4	
			3	6	4			5
1			6		3		7	
	6			1		4		8
		8						

Christmas Sudoku 47

4	5	7	2					
		9				7	2	8
2	8				9			
				4				
5					6	8	7	
	2	4	8					6
7	1	6					8	
			6			9		2
					3	6	5	7

Christmas Sudoku 48

8	2	7			6			
	3		1	8	4			
	4				2	5		
			2		1	8		
	7	1				6		4
4	8		5					
		4		8	9	6		
		8		1	9			
	1	4				7		

Christmas Sudoku 49

				3		7		6
		7		1	5			
	6	8				2	5	
					8	1	2	7
		3			1	6		
			7	5	6	4		
			5		9		7	
		2				5	6	
8		9		6	7			

Christmas Sudoku 50

	7				8	6		
2	6	9				3		
	5					7	2	1
				1	9			6
	2	6	5		4			
9	4							2
		8				2	6	
	9	7			2			
			6	5	1			9

Christmas Sudoku 51

					6			1
9					3	7	6	
6			7	9		4	3	8
1		7	9			6	8	4
	4		6			5	7	
	6							9
				4		8	1	
		2				3	9	
8	9		3		7			

Christmas Sudoku 52

	2						9	7
			4		9	8		6
	5	8	7					
		4				6	7	5
		5	2					9
7	8	9						1
	9	7	3	4				
8		3				7		
			6			9		8

Christmas Sudoku 53

						2	4	
	7				4	9		
2			8				6	
6		2				8		
		7	4				2	
	8			6		1		4
				9	8		1	
		1	3				7	9
	9			4		6		

Christmas Sudoku 54

	3				4	8		
5	8	2				7		
	9					3	5	6
				7	1	5		3
	6	3			2			
		5				1	6	
	2	6	3		7			
					5	6		8
3	5							4

Christmas Sudoku 55

3						7	1	
6			1	3				2
	8							9
		7	3					
5			9			1		3
9				5	1			
	5	6	7	9		4		1
	3	2	5	1		9		6
			6		2		3	7

SOLUTIONS

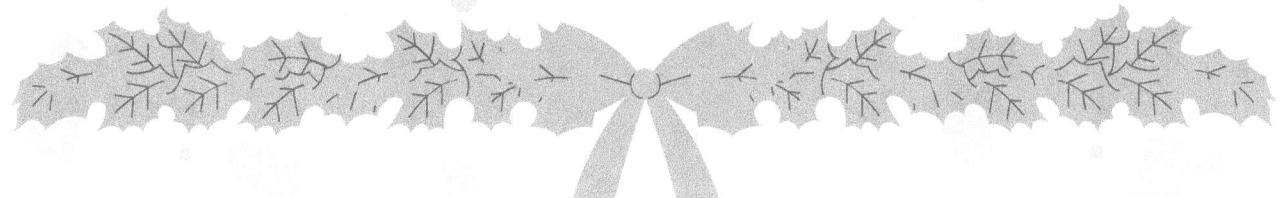

"Christmas is a time for cherishing the presence of family and the laughter of friends. What better way to bond than by tackling sudoku puzzles as a team? These grids of numbers become a canvas on which you create shared memories, combining your wits and strategies to unlock their secrets. The moments spent huddled around the puzzle become a celebration of collective intelligence, a testament to your ability to work together, and a reflection of the joy that comes from discovering patterns and finding solutions. May your Christmas sudoku sessions be a reminder that friendship and family are not just about the moments you spend together but also about the experiences you share, the challenges you overcome, and the victories you celebrate as a united front."

Christmas Sudoku 01

9	6	3	7	4	1	2	5	8
8	2	7	6	9	5	3	4	1
4	5	1	3	2	8	9	6	7
5	9	8	4	7	3	1	2	6
1	7	6	5	8	2	4	9	3
3	4	2	9	1	6	7	8	5
6	8	4	1	3	9	5	7	2
7	3	5	2	6	4	8	1	9
2	1	9	8	5	7	6	3	4

Christmas Sudoku 02

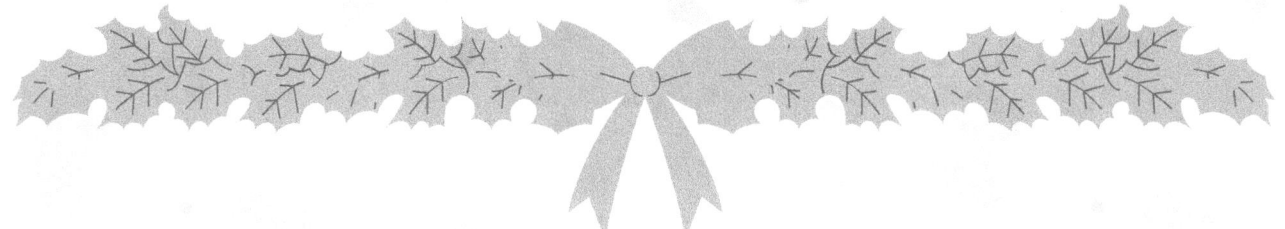

3	8	9	1	7	4	5	2	6
6	5	1	9	8	2	4	7	3
4	2	7	3	5	6	8	1	9
8	6	5	4	9	7	2	3	1
1	9	4	2	3	8	7	6	5
7	3	2	5	6	1	9	8	4
9	7	8	6	4	3	1	5	2
5	1	3	7	2	9	6	4	8
2	4	6	8	1	5	3	9	7

Christmas Sudoku 03

9	4	3	1	7	6	8	2	5
6	5	8	3	9	2	1	7	4
2	1	7	8	4	5	6	9	3
8	9	1	4	2	7	5	3	6
3	7	5	6	8	9	4	1	2
4	6	2	5	3	1	7	8	9
7	8	4	2	6	3	9	5	1
1	3	6	9	5	8	2	4	7
5	2	9	7	1	4	3	6	8

Christmas Sudoku 04

1	8	2	5	4	6	3	9	7
9	5	3	7	8	1	6	2	4
4	7	6	9	3	2	1	8	5
6	9	7	2	5	8	4	3	1
8	3	5	1	6	4	2	7	9
2	4	1	3	9	7	5	6	8
7	1	4	6	2	9	8	5	3
5	6	8	4	7	3	9	1	2
3	2	9	8	1	5	7	4	6

Christmas Sudoku 05

1	7	4	3	2	9	5	6	8
5	8	2	7	4	6	9	1	3
6	9	3	5	8	1	2	7	4
2	1	9	4	6	5	8	3	7
8	5	6	2	3	7	4	9	1
3	4	7	9	1	8	6	5	2
7	6	8	1	9	4	3	2	5
9	3	1	8	5	2	7	4	6
4	2	5	6	7	3	1	8	9

Christmas Sudoku 06

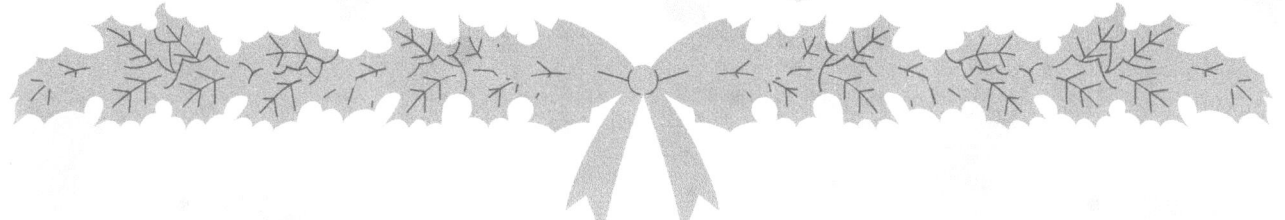

4	1	2	5	9	8	6	3	7
3	6	9	4	1	7	8	2	5
7	8	5	2	3	6	4	1	9
6	5	1	3	8	4	9	7	2
9	4	7	6	2	5	1	8	3
8	2	3	1	7	9	5	6	4
1	9	8	7	5	3	2	4	6
5	3	4	8	6	2	7	9	1
2	7	6	9	4	1	3	5	8

Christmas Sudoku 07

6	8	5	1	3	2	7	9	4
9	2	3	7	6	4	5	1	8
1	4	7	8	5	9	3	6	2
4	9	1	2	8	3	6	5	7
8	7	6	4	1	5	2	3	9
3	5	2	6	9	7	8	4	1
5	3	4	9	2	8	1	7	6
7	1	8	3	4	6	9	2	5
2	6	9	5	7	1	4	8	3

Christmas Sudoku 08

1	2	6	7	3	5	8	9	4
5	9	8	1	4	6	7	3	2
3	4	7	9	2	8	5	6	1
8	3	4	5	9	7	2	1	6
6	7	9	8	1	2	3	4	5
2	1	5	3	6	4	9	8	7
7	5	1	4	8	3	6	2	9
9	8	2	6	5	1	4	7	3
4	6	3	2	7	9	1	5	8

Christmas Sudoku 09

6	1	8	2	5	9	4	7	3
7	3	9	4	6	1	5	8	2
5	4	2	8	3	7	1	6	9
1	6	4	5	2	3	7	9	8
9	2	7	6	1	8	3	4	5
3	8	5	9	7	4	6	2	1
4	5	1	7	8	2	9	3	6
2	9	6	3	4	5	8	1	7
8	7	3	1	9	6	2	5	4

Christmas Sudoku 10

9	7	8	3	2	1	4	5	6
1	4	3	5	6	7	8	2	9
5	2	6	9	8	4	1	7	3
6	3	9	8	7	5	2	1	4
7	8	2	1	4	3	9	6	5
4	5	1	6	9	2	7	3	8
8	9	7	2	3	6	5	4	1
3	1	4	7	5	9	6	8	2
2	6	5	4	1	8	3	9	7

Christmas Sudoku 11

7	4	5	1	2	6	3	9	8
3	1	8	9	5	4	6	2	7
6	2	9	8	7	3	5	4	1
2	8	7	3	4	1	9	5	6
4	5	1	6	9	7	2	8	3
9	6	3	5	8	2	7	1	4
5	3	2	4	6	8	1	7	9
1	7	4	2	3	9	8	6	5
8	9	6	7	1	5	4	3	2

Christmas Sudoku 12

4	8	2	1	6	7	9	3	5
5	3	7	2	9	8	1	6	4
6	1	9	5	3	4	7	8	2
1	6	8	7	5	2	3	4	9
7	4	3	9	1	6	5	2	8
2	9	5	4	8	3	6	1	7
3	7	1	8	2	9	4	5	6
8	5	4	6	7	1	2	9	3
9	2	6	3	4	5	8	7	1

Christmas Sudoku 13

3	4	5	6	8	9	7	1	2
9	2	6	3	7	1	4	8	5
7	8	1	2	5	4	6	3	9
5	9	3	8	2	7	1	6	4
4	1	8	9	3	6	2	5	7
6	7	2	4	1	5	8	9	3
1	6	7	5	4	3	9	2	8
2	5	4	1	9	8	3	7	6
8	3	9	7	6	2	5	4	1

Christmas Sudoku 14

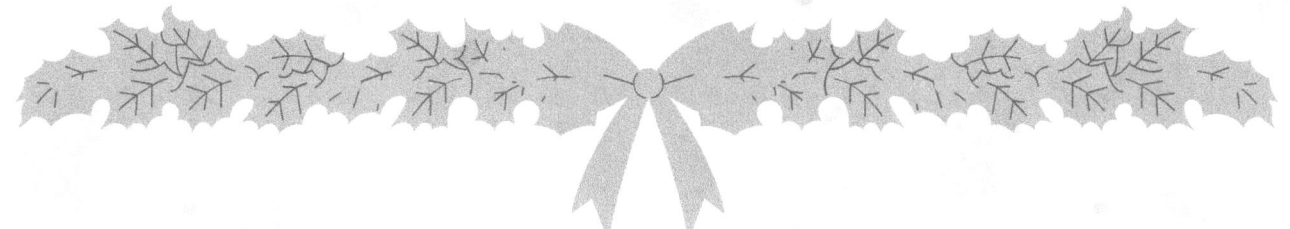

6	3	5	8	7	2	1	4	9
9	2	4	3	1	5	6	8	7
1	8	7	9	4	6	3	2	5
4	6	9	2	5	7	8	3	1
8	5	3	1	9	4	7	6	2
7	1	2	6	8	3	5	9	4
5	9	6	7	2	8	4	1	3
2	4	8	5	3	1	9	7	6
3	7	1	4	6	9	2	5	8

Christmas Sudoku 15

8	6	1	7	9	4	5	2	3
4	5	3	8	2	6	1	7	9
2	9	7	5	1	3	4	6	8
5	7	9	3	4	2	6	8	1
1	3	2	6	8	9	7	5	4
6	8	4	1	7	5	9	3	2
3	1	6	9	5	8	2	4	7
9	2	8	4	6	7	3	1	5
7	4	5	2	3	1	8	9	6

Christmas Sudoku 16

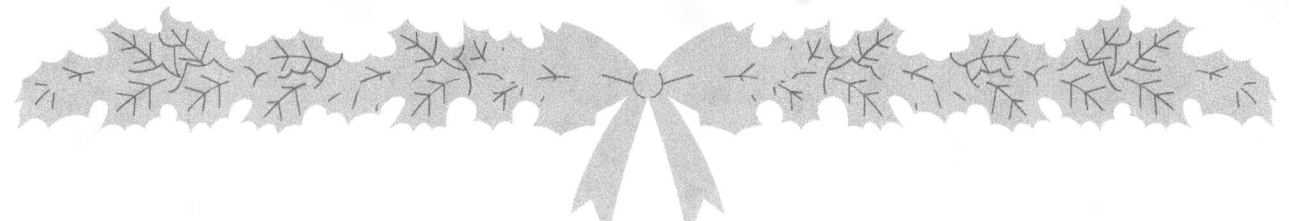

3	7	5	4	8	2	6	9	1
8	1	4	9	6	3	5	7	2
9	2	6	7	1	5	8	3	4
7	9	1	3	5	6	4	2	8
4	5	8	2	9	7	3	1	6
2	6	3	1	4	8	7	5	9
1	8	7	6	3	9	2	4	5
5	3	9	8	2	4	1	6	7
6	4	2	5	7	1	9	8	3

Christmas Sudoku 17

5	8	2	4	7	6	9	3	1
4	7	1	3	9	2	5	8	6
6	9	3	1	5	8	4	7	2
7	5	6	2	4	9	3	1	8
1	3	9	7	8	5	6	2	4
2	4	8	6	1	3	7	5	9
3	1	4	9	2	7	8	6	5
8	2	7	5	6	4	1	9	3
9	6	5	8	3	1	2	4	7

Christmas Sudoku 18

3	9	4	1	6	5	2	7	8
2	1	5	9	8	7	4	6	3
8	7	6	2	3	4	1	9	5
4	3	1	6	7	2	8	5	9
7	5	8	3	9	1	6	4	2
9	6	2	5	4	8	7	3	1
1	2	3	7	5	6	9	8	4
6	8	9	4	1	3	5	2	7
5	4	7	8	2	9	3	1	6

Christmas Sudoku 19

7	5	4	6	9	1	3	2	8
2	1	9	5	3	8	7	4	6
3	6	8	4	2	7	9	1	5
1	3	2	7	8	5	4	6	9
9	8	5	3	4	6	1	7	2
6	4	7	2	1	9	5	8	3
8	7	3	9	6	4	2	5	1
4	2	6	1	5	3	8	9	7
5	9	1	8	7	2	6	3	4

Christmas Sudoku 20

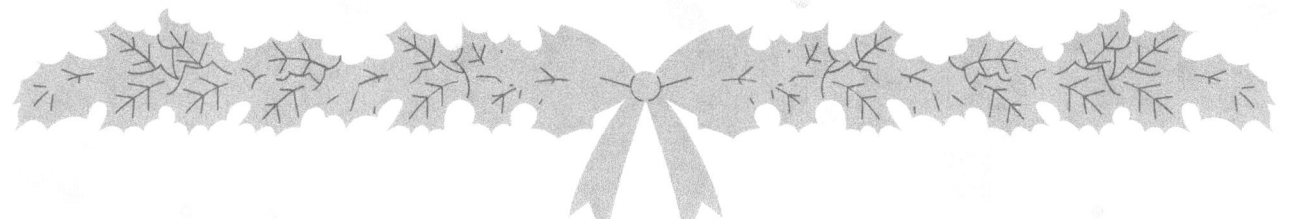

5	3	8	1	4	2	9	7	6
6	9	4	5	3	7	2	1	8
2	1	7	6	9	8	5	4	3
9	4	2	3	8	6	7	5	1
7	8	6	4	1	5	3	9	2
3	5	1	2	7	9	8	6	4
8	2	5	7	6	4	1	3	9
4	7	3	9	2	1	6	8	5
1	6	9	8	5	3	4	2	7

Christmas Sudoku 21

3	7	5	1	8	4	6	2	9
9	2	8	7	3	6	5	1	4
4	1	6	9	5	2	7	3	8
6	5	2	4	9	7	1	8	3
8	9	7	5	1	3	2	4	6
1	4	3	6	2	8	9	7	5
2	3	9	8	7	5	4	6	1
7	6	1	3	4	9	8	5	2
5	8	4	2	6	1	3	9	7

Christmas Sudoku 22

1	6	7	5	2	8	4	9	3
5	3	4	6	7	9	8	1	2
2	9	8	1	3	4	5	7	6
8	1	3	7	9	5	2	6	4
6	4	9	2	1	3	7	5	8
7	5	2	4	8	6	9	3	1
3	8	5	9	6	2	1	4	7
4	2	1	3	5	7	6	8	9
9	7	6	8	4	1	3	2	5

Christmas Sudoku 23

6	4	2	3	1	7	5	8	9
3	5	9	8	6	2	1	4	7
8	7	1	4	5	9	3	2	6
1	2	5	7	4	8	6	9	3
7	3	4	6	9	5	8	1	2
9	6	8	2	3	1	4	7	5
5	1	6	9	2	4	7	3	8
2	8	3	1	7	6	9	5	4
4	9	7	5	8	3	2	6	1

Christmas Sudoku 24

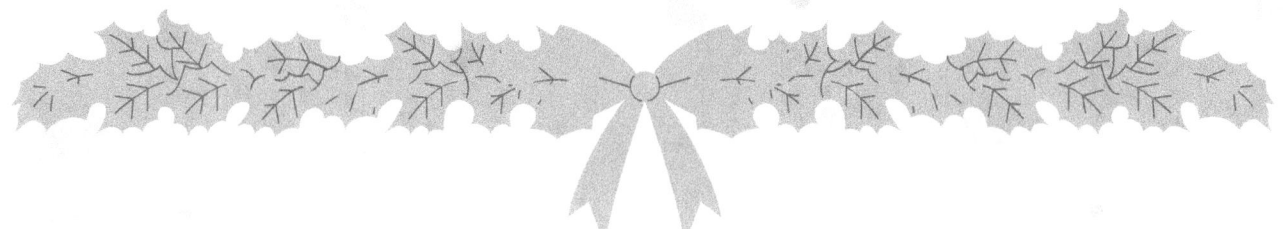

3	1	8	9	7	2	5	6	4
7	5	4	8	6	1	9	2	3
2	9	6	3	4	5	7	8	1
1	7	3	5	9	6	2	4	8
6	2	5	4	8	3	1	7	9
4	8	9	2	1	7	3	5	6
8	3	2	6	5	9	4	1	7
5	4	1	7	3	8	6	9	2
9	6	7	1	2	4	8	3	5

Christmas Sudoku 25

6	4	7	9	1	2	3	8	5
2	8	5	6	7	3	4	1	9
9	3	1	4	8	5	7	2	6
8	9	6	2	3	1	5	4	7
1	7	3	5	6	4	8	9	2
4	5	2	7	9	8	6	3	1
3	6	9	1	4	7	2	5	8
5	1	4	8	2	6	9	7	3
7	2	8	3	5	9	1	6	4

Christmas Sudoku 26

1	9	5	7	2	6	3	4	8
3	2	4	5	8	1	6	7	9
8	6	7	9	3	4	5	1	2
7	1	3	8	4	9	2	5	6
6	4	9	2	1	5	7	8	3
5	8	2	6	7	3	1	9	4
2	3	8	4	5	7	9	6	1
4	7	6	1	9	2	8	3	5
9	5	1	3	6	8	4	2	7

Christmas Sudoku 27

6	7	2	1	5	8	9	3	4
8	9	1	3	4	7	2	6	5
5	3	4	6	2	9	8	1	7
1	2	3	4	9	5	6	7	8
9	5	7	8	6	1	4	2	3
4	8	6	7	3	2	1	5	9
2	4	9	5	7	6	3	8	1
3	1	5	2	8	4	7	9	6
7	6	8	9	1	3	5	4	2

Christmas Sudoku 28

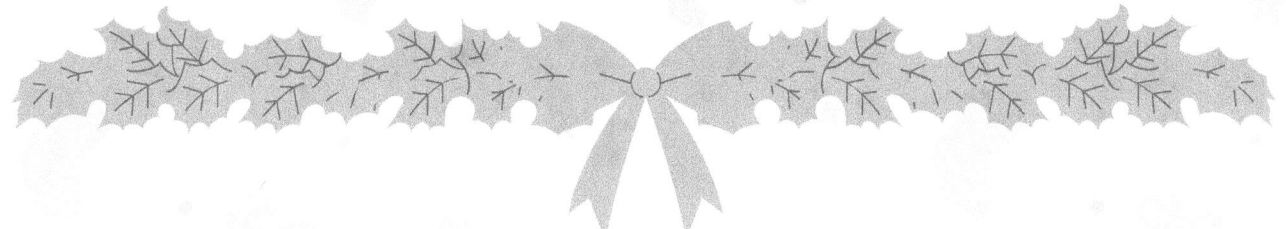

9	4	2	3	1	6	8	5	7
3	7	6	8	5	2	1	4	9
8	1	5	9	4	7	6	3	2
4	5	1	2	3	9	7	6	8
2	8	7	5	6	4	9	1	3
6	3	9	1	7	8	5	2	4
7	6	8	4	2	1	3	9	5
5	9	4	6	8	3	2	7	1
1	2	3	7	9	5	4	8	6

Christmas Sudoku 29

2	8	1	7	5	9	4	6	3
5	4	6	3	8	2	1	7	9
7	9	3	4	6	1	2	8	5
4	1	7	8	9	5	6	3	2
8	6	9	2	7	3	5	1	4
3	2	5	1	4	6	7	9	8
1	5	4	6	3	8	9	2	7
9	3	2	5	1	7	8	4	6
6	7	8	9	2	4	3	5	1

Christmas Sudoku 30

6	5	9	2	8	7	4	1	3
1	7	8	6	4	3	9	5	2
4	3	2	1	5	9	7	8	6
2	9	7	8	6	1	5	3	4
8	4	5	7	3	2	6	9	1
3	1	6	5	9	4	2	7	8
9	2	1	4	7	8	3	6	5
7	6	4	3	1	5	8	2	9
5	8	3	9	2	6	1	4	7

Christmas Sudoku 31

9	1	3	5	2	4	6	8	7
6	5	8	3	7	1	4	2	9
2	7	4	9	8	6	3	1	5
5	3	7	2	4	9	1	6	8
4	9	6	1	3	8	7	5	2
8	2	1	7	6	5	9	3	4
3	8	2	4	1	7	5	9	6
7	6	9	8	5	3	2	4	1
1	4	5	6	9	2	8	7	3

Christmas Sudoku 32

9	4	7	3	8	6	5	1	2
1	8	6	5	7	2	9	4	3
3	5	2	1	9	4	8	7	6
7	9	5	8	2	3	4	6	1
2	6	1	7	4	9	3	5	8
8	3	4	6	5	1	7	2	9
6	2	9	4	3	5	1	8	7
5	1	8	9	6	7	2	3	4
4	7	3	2	1	8	6	9	5

Christmas Sudoku 33

1	9	8	3	5	2	4	7	6
5	7	3	9	6	4	1	2	8
4	6	2	8	1	7	9	5	3
8	4	5	2	9	6	7	3	1
3	2	6	1	7	5	8	4	9
7	1	9	4	3	8	2	6	5
6	8	7	5	4	9	3	1	2
9	3	4	6	2	1	5	8	7
2	5	1	7	8	3	6	9	4

Christmas Sudoku 34

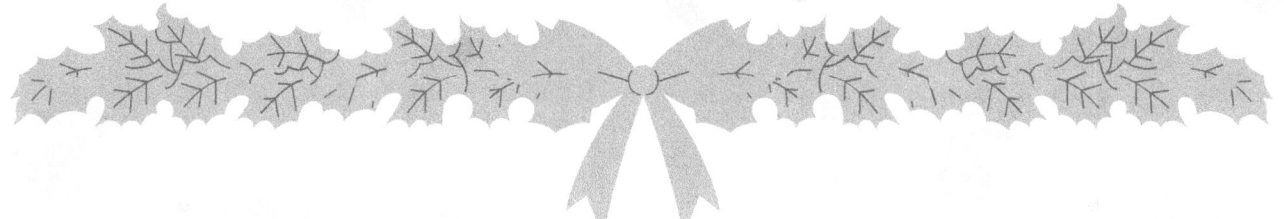

7	6	9	1	5	8	3	4	2
4	8	1	2	6	3	9	5	7
2	5	3	7	9	4	8	1	6
6	1	4	3	7	5	2	8	9
3	9	5	4	8	2	7	6	1
8	2	7	9	1	6	5	3	4
1	3	6	5	2	9	4	7	8
5	7	2	8	4	1	6	9	3
9	4	8	6	3	7	1	2	5

Christmas Sudoku 35

9	2	5	6	7	8	1	3	4
8	3	6	2	1	4	5	9	7
7	1	4	3	5	9	6	8	2
3	4	7	8	2	5	9	6	1
5	6	2	1	9	7	8	4	3
1	9	8	4	3	6	2	7	5
4	5	3	9	6	2	7	1	8
2	8	9	7	4	1	3	5	6
6	7	1	5	8	3	4	2	9

Christmas Sudoku 36

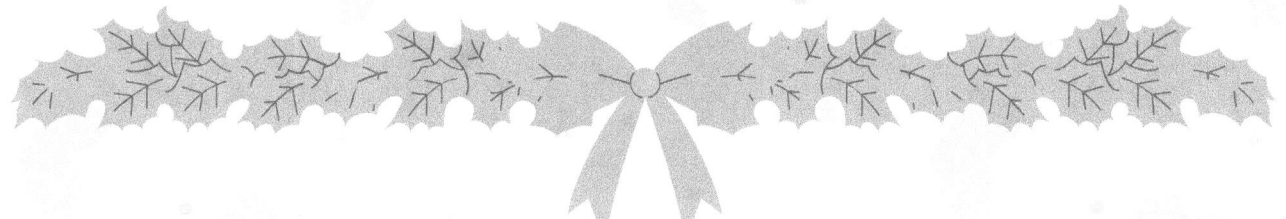

4	7	3	6	8	5	1	2	9
8	5	1	2	9	3	6	7	4
2	6	9	1	7	4	3	5	8
7	9	2	3	4	8	5	1	6
1	4	6	5	2	7	8	9	3
3	8	5	9	6	1	7	4	2
6	2	8	7	5	9	4	3	1
9	1	7	4	3	6	2	8	5
5	3	4	8	1	2	9	6	7

7	4	3	5	8	2	6	9	1
2	6	8	1	9	3	5	4	7
1	9	5	4	7	6	3	2	8
4	5	1	2	3	7	8	6	9
6	2	7	8	4	9	1	5	3
8	3	9	6	5	1	2	7	4
3	1	6	9	2	4	7	8	5
5	7	4	3	6	8	9	1	2
9	8	2	7	1	5	4	3	6

Christmas Sudoku 38

5	4	8	7	1	3	9	2	6
1	9	7	2	8	6	5	3	4
3	2	6	4	9	5	7	8	1
4	8	2	5	7	1	3	6	9
6	5	1	9	3	8	2	4	7
7	3	9	6	2	4	1	5	8
9	1	4	8	5	2	6	7	3
8	7	5	3	6	9	4	1	2
2	6	3	1	4	7	8	9	5

Christmas Sudoku 39

4	3	9	8	5	1	6	2	7
7	1	8	6	2	4	5	3	9
2	6	5	9	3	7	4	1	8
9	8	2	1	7	6	3	4	5
6	5	7	3	4	8	2	9	1
1	4	3	5	9	2	7	8	6
5	2	1	7	8	3	9	6	4
3	7	6	4	1	9	8	5	2
8	9	4	2	6	5	1	7	3

Christmas Sudoku 40

9	1	2	7	6	8	4	5	3
7	4	8	3	9	5	1	6	2
5	6	3	1	2	4	7	9	8
3	9	4	8	5	1	2	7	6
8	5	6	2	7	3	9	4	1
1	2	7	6	4	9	8	3	5
2	3	5	9	1	7	6	8	4
4	7	1	5	8	6	3	2	9
6	8	9	4	3	2	5	1	7

Christmas Sudoku 41

9	1	2	8	4	6	3	5	7
3	8	5	7	9	2	4	6	1
4	6	7	1	5	3	8	9	2
1	7	3	9	8	5	6	2	4
8	9	6	2	7	4	1	3	5
2	5	4	6	3	1	7	8	9
6	4	9	3	2	7	5	1	8
7	2	1	5	6	8	9	4	3
5	3	8	4	1	9	2	7	6

Christmas Sudoku 42

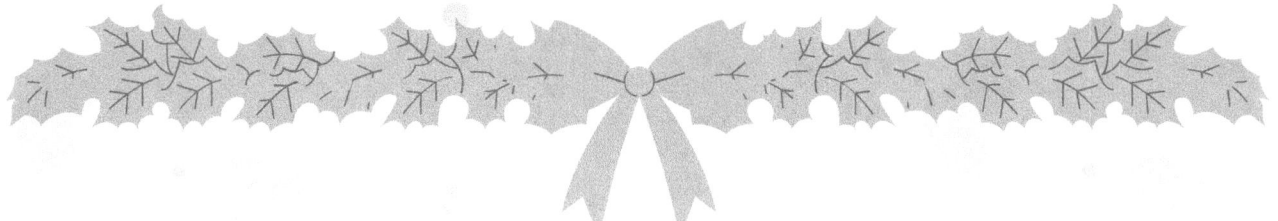

5	9	6	4	3	2	8	7	1
2	7	8	9	6	1	5	4	3
1	4	3	8	5	7	2	6	9
8	3	4	7	2	6	9	1	5
7	6	5	3	1	9	4	2	8
9	2	1	5	8	4	6	3	7
6	8	9	1	4	3	7	5	2
3	5	2	6	7	8	1	9	4
4	1	7	2	9	5	3	8	6

Christmas Sudoku 43

3	2	8	6	5	7	9	4	1
4	1	7	2	3	9	6	5	8
9	5	6	4	8	1	2	7	3
2	6	1	8	9	5	4	3	7
7	3	9	1	4	2	5	8	6
5	8	4	7	6	3	1	2	9
8	9	5	3	1	4	7	6	2
1	7	3	5	2	6	8	9	4
6	4	2	9	7	8	3	1	5

Christmas Sudoku 44

8	5	1	9	7	4	3	2	6
9	7	2	5	6	3	1	8	4
3	4	6	1	2	8	7	5	9
2	1	4	6	5	9	8	7	3
5	6	8	3	4	7	2	9	1
7	3	9	2	8	1	6	4	5
6	9	7	8	3	5	4	1	2
1	8	3	4	9	2	5	6	7
4	2	5	7	1	6	9	3	8

Christmas Sudoku 45

7	2	3	4	5	8	6	9	1
5	4	1	9	6	2	3	7	8
9	6	8	1	3	7	5	2	4
1	9	7	3	4	5	2	8	6
4	8	6	2	7	9	1	5	3
2	3	5	8	1	6	9	4	7
8	1	2	7	9	3	4	6	5
3	5	9	6	8	4	7	1	2
6	7	4	5	2	1	8	3	9

Christmas Sudoku 46

8	1	3	5	4	2	9	6	7
4	7	5	8	9	6	2	3	1
9	2	6	1	3	7	8	5	4
6	4	2	9	5	1	7	8	3
5	3	1	7	2	8	6	4	9
7	8	9	3	6	4	1	2	5
1	9	4	6	8	3	5	7	2
3	6	7	2	1	5	4	9	8
2	5	8	4	7	9	3	1	6

Christmas Sudoku 47

4	5	7	2	1	8	3	6	9
1	6	9	4	3	5	7	2	8
2	8	3	7	6	9	5	4	1
6	7	8	9	4	1	2	3	5
5	9	1	3	2	6	8	7	4
3	2	4	8	5	7	1	9	6
7	1	6	5	9	2	4	8	3
8	3	5	6	7	4	9	1	2
9	4	2	1	8	3	6	5	7

Christmas Sudoku 48

8	2	7	9	5	6	1	4	3
6	3	5	1	8	4	2	9	7
1	4	9	7	3	2	5	8	6
3	9	6	2	4	1	8	7	5
5	7	1	8	9	3	6	2	4
4	8	2	5	6	7	3	1	9
2	5	3	4	7	8	9	6	1
7	6	8	3	1	9	4	5	2
9	1	4	6	2	5	7	3	8

Christmas Sudoku 49

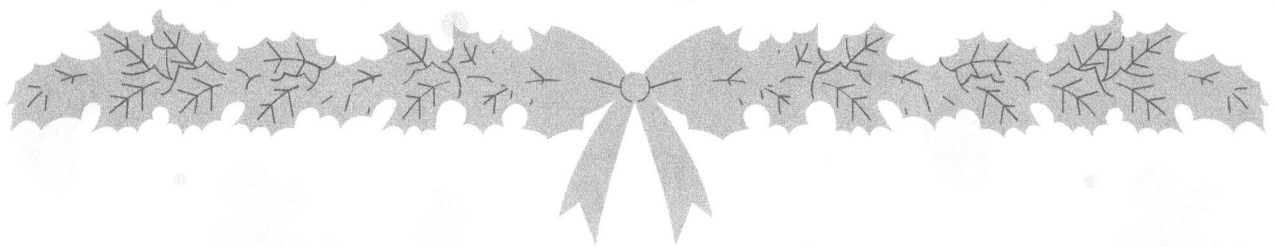

5	9	4	8	3	2	7	1	6
2	3	7	6	1	5	9	8	4
1	6	8	9	7	4	2	5	3
6	4	5	3	9	8	1	2	7
7	8	3	4	2	1	6	9	5
9	2	1	7	5	6	4	3	8
3	1	6	5	4	9	8	7	2
4	7	2	1	8	3	5	6	9
8	5	9	2	6	7	3	4	1

Christmas Sudoku 50

3	7	1	2	5	8	6	9	4
2	6	9	4	1	7	3	5	8
8	5	4	6	3	9	7	2	1
7	8	5	3	2	1	9	4	6
1	2	6	5	9	4	8	7	3
9	4	3	8	7	6	5	1	2
5	1	8	9	4	3	2	6	7
6	9	7	1	8	2	4	3	5
4	3	2	7	6	5	1	8	9

Christmas Sudoku 51

7	8	3	4	2	6	9	5	1
9	1	4	8	5	3	7	6	2
6	2	5	7	9	1	4	3	8
1	5	7	9	3	2	6	8	4
2	4	9	6	1	8	5	7	3
3	6	8	5	7	4	1	2	9
5	3	6	2	4	9	8	1	7
4	7	2	1	8	5	3	9	6
8	9	1	3	6	7	2	4	5

Christmas Sudoku 52

4	2	6	1	8	3	5	9	7
3	7	1	4	5	9	8	2	6
9	5	8	7	6	2	4	1	3
2	3	4	8	9	1	6	7	5
1	6	5	2	7	4	3	8	9
7	8	9	5	3	6	2	4	1
6	9	7	3	4	8	1	5	2
8	1	3	9	2	5	7	6	4
5	4	2	6	1	7	9	3	8

Christmas Sudoku 53

3	6	9	5	7	1	2	4	8
1	7	8	6	2	4	9	3	5
2	5	4	8	3	9	7	6	1
6	4	2	9	1	3	8	5	7
9	1	7	4	8	5	3	2	6
5	8	3	2	6	7	1	9	4
4	3	6	7	9	8	5	1	2
8	2	1	3	5	6	4	7	9
7	9	5	1	4	2	6	8	3

Christmas Sudoku 54

6	3	1	7	5	4	8	9	2
5	8	2	9	3	6	7	4	1
7	9	4	2	1	8	3	5	6
8	4	9	6	7	1	5	2	3
1	6	3	5	9	2	4	8	7
2	7	5	8	4	3	1	6	9
4	2	6	3	8	7	9	1	5
9	1	7	4	2	5	6	3	8
3	5	8	1	6	9	2	7	4

Christmas Sudoku 55

3	9	5	8	2	6	7	1	4
6	7	4	1	3	9	8	5	2
2	8	1	4	7	5	3	6	9
1	6	7	3	4	8	2	9	5
5	2	8	9	6	7	1	4	3
9	4	3	2	5	1	6	7	8
8	5	6	7	9	3	4	2	1
7	3	2	5	1	4	9	8	6
4	1	9	6	8	2	5	3	7

DEAR PUZZLE ENTHUSIASTS

Dear puzzle enthusiasts, we want to take a moment to express our profound gratitude for choosing our puzzle book. It's not just a book; it's a bridge between us, the creators, and you, the solver. Your support allows us to continue doing what we love - crafting puzzles that challenge and delight your mind. As a publisher, it's our privilege to be a part of your leisure time, to bring you the satisfaction of solving crosswords and word searches, and to be a companion in your quest for knowledge and amusement. Thank you for your trust and loyalty. It's because of you that we continue to create, and we look forward to providing you with countless hours of puzzle-solving pleasure. Here's to more puzzles, more words, and more adventures in the world of mind games!"

Christmas Puzzle Book By Century Young